앗! 공룡 3D

입체 지식그림책

3D입체 멀티아이텍

삼성출판사
samsungbooks.com

입체 사진을 보는 방법

왼쪽 눈에는 빨간 렌즈,
오른쪽 눈에는 파란 렌즈

이 책의 3D 입체 사진은 색안경으로 봐야만 공룡들이 생생하게 나타납니다.

렌즈의 위치가 바뀌면 입체감이 살아나지 않으므로 오른쪽 그림과 같이

왼쪽 눈에는 빨간색 렌즈가, 오른쪽 눈에는 파란색 렌즈가 오도록 씁니다.

책을 들고 그림을 볼 때는 거리를 조절하면서 입체감이 가장 잘 살아나는

위치를 찾습니다. 50cm 정도 떨어지는 것이 좋습니다.

그런 다음 몇 초간 시선을 집중하면 여러분이 직접 공룡 세계에 있는 것처럼 느껴질 것입니다.

입체 체험 색안경 만들기

색안경을 잃어버리면 아래와 같은 방법으로 만들 수 있습니다. 그러나 이 경우 입체감이 떨어질 수 있으니 잃어버리지 않도록 하세요.

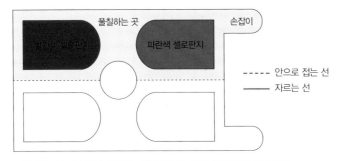

풀칠하는 곳   손잡이

빨간색 셀로판지   파란색 셀로판지

----- 안으로 접는 선
——— 자르는 선

★ 준비물 : 두꺼운 종이, 풀 또는 양면 테이프, 빨간색·파란색 셀로판지

꼭 맞는 색안경 만들기

안경 다리에 구멍이 있습니다. 여기에 고무줄을 연결하면 꼭 맞는 색안경을 만들 수 있습니다.

차 례

공룡은 몇 종류나 될까?

너도 공룡?

오래전에 사라져 버린 공룡의 모습은 화석을 통해서 추측해 볼 수 있습니다. 화석은 과거 동식물의 사체나 발자국 등의 흔적이 땅속이나 땅 위에 남아 있는 것을 이르는 말이에요. 화석을 통해서 우리에게 알려진 공룡은 지금까지 약 6백여 종에 이릅니다. 그러나 앞으로 더 많은 공룡 화석들이 발견될 수도 있으니 공룡이 정확하게 몇 종류나 있었는지는 아무도 모르지요.

공룡은 종류에 따라 생김새와 크기가 매우 다양했어요. 세이스모사우루스처럼 몸길이가 무려 50m나 되는 공룡이 있는가 하면, 콤프소그나투스처럼 1m밖에 안 되는 작은 공룡도 있었답니다.

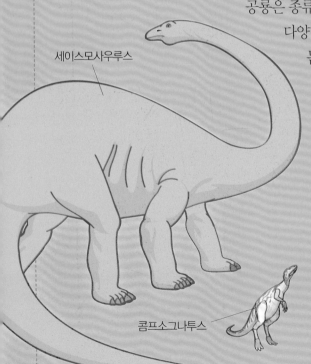

세이스모사우루스

콤프소그나투스

공룡은 모두 육지에 살았다는 공통점을 가지고 있어요. 하늘을 나는 익룡이나 바다에 살았던 어룡, 수장룡도 모두 공룡이라고 생각하기 쉽지만 엄격하게 말하면 이들은 공룡이 아니랍니다.

공룡은 골반뼈의 모양에 따라 크게 두 종류로 나눌 수 있어요. 골반의 모양이 도마뱀과 비슷하면 '용반목', 새와 비슷하면 '조반목'이라 해요.

용반목

용반목 공룡에는 육식 공룡인 수각류와 큰 초식 공룡인 용각류가 속해요. 용반목 공룡은 골반을 둘러싼 치골이 앞쪽으로 뻗어 있어요. 이러한 뼈 모양을 가진 공룡은 대부분 앞발이 발달해서 무엇이든 쉽게 움켜쥘 수 있지요. 시간이 지나면서 수각류의 앞발은 다양하게 진화되고, 용각류의 앞발은 큰 몸집을 지탱하기 위해 더 커졌어요.

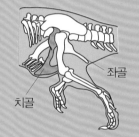

좌골

치골

조반목

조반목 공룡은 모두 초식 공룡이에요. 좌골이 길고, 치골이 뒤로 향해 있지요. 조반목 공룡은 먹이에 따라, 육식 공룡의 공격을 막는 방어 구조에 따라, 자신을 과시하는 방법에 따라 생김새가 다양해요. 갑옷 같이 단단한 피부를 가진 공룡도 있고, 뿔이나 볏을 가진 공룡도 있답니다.

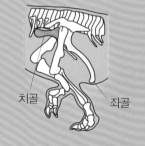

치골

좌골

공룡은 무엇을 먹었을까?

맛있는 초식공룡이다!

나뭇잎이나 풀을 뜯어 먹고 사는 초식 공룡이 있는가 하면 곤충이나 도마뱀, 또는 다른 공룡을 잡아먹고 사는 육식 공룡도 있었어요. 용반목 공룡 중에서 수각류는 육식 공룡이고, 용각류와 대부분의 조반목 공룡은 초식 공룡입니다.

공룡 시대에는 식물이 번성했어요. 덕분에 초식 공룡들은 쉽게 먹이를 구할 수 있었지요. 몸이 그리 크지 않은 조반목 공룡들은 주로 땅 위에 난 풀을 뜯어 먹고 살았어요. 반면 키가 아주 큰 나무는 용각류 공룡들 차지였지요.

용각류 공룡은 몸이 크고 목도 길어서 다른 공룡의 키가 닿지 않는 높은 나무의 잎도 쉽게 따 먹을 수 있었어요. 이들 중에는 하루에 1t이 넘는 풀을 먹어야 할 정도로 몸집이 큰 공룡도 있습니다. 이 용각류 공룡들은 식물을 먹을 때 돌멩이도 함께 삼켰어요. 이 돌멩이가 위장 속에 머물면서 위장의 근육을 도와 나뭇잎과 작은 가지를 잘게 부수고, 삼킨 풀을 소화하기 좋게 갈아 주는 믹서 역할을 했지요.

초식 공룡은 먹이가 떨어지면 새로운 먹이를 찾기 위해 돌아다녀야 했어요. 이때 대부분의 초식 공룡은 무리를 지어 다녔어요. 무리를 짓지 않으면 먹이를 찾기 전에 육식 공룡의 공격을 받아 자기부터 먹힐 수도 있으니까요.

두 발로 빠르게 달리며 먹잇감을 사냥하는 육식 공룡은 살아 있는 도마뱀이나 곤충, 초식 공룡을 잡아먹기도 했지만, 죽은 공룡을 먹는 일도 많았습니다. 힘들게 사냥해서 먹는 것보다 죽은 고기를 먹는 게 훨씬 편했지요.

때때로 힘이 센 육식 공룡은 자기보다 약한 육식 공룡의 먹이를 빼앗기도 했습니다.

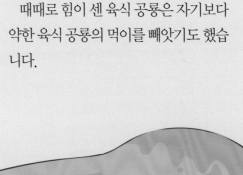

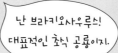

난 브라키오사우루스! 대표적인 초식 공룡이지.

육식 공룡의 사냥법 vs 초식 공룡의 방어법

오늘날 동물들이 약육강식의 세계에서 자기들만의 생존 방식을 가지고 있듯이, 공룡들도 나름의 생존 방식을 가지고 있었습니다. 육식 공룡들은 먹이를 구하기 위해, 초식 공룡들은 그런 육식 공룡으로부터 살아남기 위해 다양한 방법을 썼지요.

육식 공룡의 공격 무기는 크게 두 가지인데, 첫째 무기는 날카로운 이빨과 튼튼한 턱입니다. 이빨과 턱을 이용해 먹잇감을 물고 뼈까지 부서뜨리지요. 특히 알로사우루스나 티라노사우루스의 이빨은 칼처럼 길고 날카로운 데다가 턱의 힘이 강해 한번 물면 쉽게 놓지 않았어요.

둘째 무기는 휘어진 발톱입니다. 이 발톱은 먹잇감을 가로막는 장애물을 꺾을 때나 먹잇감을 움켜쥐고 살점을 파낼 때 쓰이지요.

몸집이 크고 힘이 센 육식 공룡은 혼자 사냥을 했지만, 데이노니쿠스처럼 몸집이 작은 육식 공룡은 여럿이 힘을 합쳐 사냥을 했습니다. 자기 몸집보다 훨씬 큰 초식 공룡을 혼자 사냥하기는 어려우니까요.

초식 공룡의 방어 무기 중 대표적인 것은 바로 거대한 몸집입니다. 브라키오사우루스, 세이스모사우루스 같은 용각류 공룡들의 몸은 육식 공룡보다 훨씬 커서 사나운 육식 공룡도 섣불리 공격하지 못했습니다. 혹 공격을 받을 때는 긴 꼬리를 채찍처럼 휘둘러 방어했지요.

안킬로사우루스 같은 곡룡류 공룡들은 딱딱한 골판 등으로 덮여 있어 배를 낮추고 엎드리면 육식 공룡의 이빨과 발톱 공격에서 몸을 보호할 수 있었어요. 트리케라톱스 같은 공룡은 머리에 난 커다란 뿔로 육식 공룡의 공격에 대항했고요.

하지만 이런 방어 무기들이 있어도 육식 공룡과 일대일로 마주쳤을 때는 쉽게 이길 수 없었어요. 그래서 많은 초식 공룡들이 무리 지어 사는 방법을 선택했어요. 약한 초식 공룡이라도 무리를 지어 있으면 육식 공룡이 쉽게 공격하지 못했답니다.

으앙~ 무서워.

공룡은 언제부터 언제까지 살았을까?

인류가 나타나기 훨씬 오래전, 지구의 주인은 공룡이었습니다. 지금으로부터 약 2억 5100만 년 전부터 6500만 년 전까지 약 1억 8600만 년 동안이나 지구를 지배했지요.

지구의 46억 년 역사는 '대'라는 시간 단위를 써서 크게 선캄브리아대-고생대-중생대-신생대로 구분합니다. 이중 공룡이 살았던 시기는 중생대이고, 중생대는 다시 트라이아스기, 쥐라기, 백악기로 구분됩니다. 이 시기는 일 년 내내 날씨가 따뜻하고 습도가 적당해서 공룡들이 살기에 알맞았습니다. 바로 '공룡의 시대'였어요.

공룡의 시대에는 잎이 뾰족한 양치식물과 키가 큰 침엽수, 소철류, 은행나무 등이 자라고 있었어요. 비가 많이 내려서 강이 생겼고, 강줄기를 따라 식물이 우거진 밀림도 생겼지요. 이렇게 곳곳에 식물이 번성하니 먹을 것이 점점 더 풍부해졌어요. 먹을 것이 많아지자 공룡의 종류는 점점 다양해지고 그 수도 많이 늘어났습니다. 그러면서 먹이를 차지하기 위한 경쟁도 치열해져서,

공룡들 사이에 싸움이 끊이지 않았어요. 그 결과 적으로부터 자신을 지킬 수 있는 공룡은 살아남고, 그렇지 못한 공룡은 자신보다 강한 육식 공룡에게 잡아먹혔습니다. 약한 자가 강한 자에게 잡아먹히는 약육강식은 어느 동물의 세계에서나 마찬가지로 나타나는 모습이니까요.

이렇게 전성기를 누리던 공룡들이 6500만 년 전 지구에서 갑자기 사라졌습니다. 공룡이 멸종한 원인에 대해 학자들은 여러 가지 추측을 하고 있지만 아직 확실하게 밝혀지지 않았어요. 그중 가장 널리 알려진 생각은 거대한 운석이 지구와 부딪혀 공룡이 멸종했다는 '운석 충돌설'이에요. 운석이 충돌하면서 큰 불이 일어났고 엄청난 먼지 구름이 하늘을 뒤덮어, 햇빛이 제대로 전달되지 못하는 바람에 먹이와 산소가 부족해 결국 공룡이 사라졌다는 생각이에요.

선캄브리아대	캄브리아기	오르도비스기	실루리아기	데본기	석탄기	페름기	트라이아스기	쥐라기	백악기	제3기	제4기
	고생대						중생대 (공룡의 시대)			신생대	

● 약 46억 년 전　　● 약 5억 4000만 년 전　　　　　　　　　● 약 2억 5100만 년 전　　● 약 6500만 년 전

플라테오사우루스

Plateosaurus 뜻》 납작한 도마뱀

초식 공룡

종류 용반목 〉 원시용각류

발견 지역 유럽

크기

4t

7~9m

살던 시기

트라이아스기   쥐라기   백악기

플라테오사우루스는 몸집이 큰 원시 용각류입니다. 후에 나타난 브라키오사우루스 같은 용각류 공룡과 비교하면 목이 그리 길지 않고 몸집도 작은 편이라 생김새는 비슷해도 원시 용각류로 따로 분류하지요. 루펭고사우루스, 마소스폰딜루스 등이 여기에 포함됩니다.

플라테오사우루스는 '납작한 도마뱀'이라는 뜻이에요. 이빨이 납작하게 생겼다고 해서 붙여진 이름이지요. 턱 앞쪽에 촘촘하게 나 있는 이빨로 나뭇잎을 훑어 먹었어요.

그런데 이 이빨이 음식을 잘게 씹을 만큼 잘 발달하지는 않았기 때문에 플라테오사우루스는 먹이를 씹지 않고 통째로 삼켰습니다. 그러면 위 속에 있는 돌멩이가 먹이를 잘게 부수어 소화를 도왔지요. 마치 믹서처럼 먹은 것을 돌이 으깨주었어요. 이러한 돌을 '위석'이라고 합니다. 지금의 닭이나 펭귄이 돌을 삼켜서 소화를 돕는 것과 비슷하지요. 공룡의 위석은 오랫동안 위 속에서 다른 위석들과 부딪쳐 닳기 때문에 조약돌처럼 반들반들했어요.

플라테오사우루스는 앞다리보다 뒷다리가 길었고, 평소에는 네 발로 걸어 다니다가 높은 나무에 달린 나뭇잎을 따 먹을 때는 두 다리로 섰답니다. 몸길이의 절반을 차지하는 긴 꼬리로는 몸의 균형을 잡았지요.

내 후손들은 몸집이 더 커졌다지?

브라키오사우루스

Brachiosaurus 뜻》팔 도마뱀

종류 용반목 〉용각류
발견 지역 북아메리카, 아프리카
크기
80t
├─20~30m─┤

살던 시기
트라이아스기 | 쥐라기 | 백악기

원시 용각류보다 나중에 나타난 용각류는 몸집이 훨씬 크고 목이 길었습니다. 그래서 쥐라기에 나타난 용각류 공룡들을 흔히 '목 긴 공룡'이라고 부르기도 하지요.

용각류 중에서 가장 대표적인 공룡은 브라키오사우루스입니다. 1900년, 미국 콜로라도의 어느 계곡에서 맨 처음으로 뼈 화석이 발견되었고 이후 아프리카, 북아메리카 곳곳에서 화석이 발견되어 세상에 널리 알려지게 되었습니다.

브라키오사우루스의 골격을 연구한 결과, 다른 공룡과는 달리 앞다리가 뒷다리보다 훨씬 크고 길다는 사실이 밝혀졌어요. 그래서 '팔 도마뱀'이라는 뜻의 이름이 붙었지요. 또 긴 앞다리 때문에 어깨가 높아 다른 공룡보다 목이 더 길어 보여 '정글의 기린'이라고도 불러요.

브라키오사우루스는 머리부터 꼬리까지의 길이가 20~30m 정도이며 목 길이는 몸길이의 반 정도나 된답니다. 오늘날의 기린 목의 세 배 정도이지요.

긴 꼬리로는 몸의 균형을 잡았는데, 만약 꼬리가 짧았다면 목 긴 공룡들은 제대로 서 있을 수도 없었을 거예요.

목 긴 공룡은 몸이 무거워서 평소에는 네 발로 걸어 다녔어요. 아주 높은 곳의 나뭇잎을 따 먹어야 할 때는 꼬리를 땅에 대어 버티고 뒷다리로 서기도 했지만 잠깐이라도 뒷다리로 서 있는 것은 매우 힘든 일이었어요. 다행히 브라키오사우루스는 목만 쭉 들어 올리면 웬만큼 높은 곳에 달린 나뭇잎에는 쉽게 닿을 수 있었지요.

목 길이는 내가 1등!

세이스모사우루스

Seismosaurus 뜻》지진 도마뱀

종류 용반목 〉용각류

발견 지역 아메리카

크기

100t

⊢——— 39~50m ———⊣

살던 시기

트라이아스기 　 쥐라기 　 백악기

1992년에 발견된 세이스모사우루스는 발견되자마자 '가장 긴 공룡'으로 유명해졌습니다. 몸길이가 약 20~30m나 되는 브라키오사우루스보다도 두 배나 긴 몸을 가졌거든요. 축구장 반을 채울 만한 몸길이지만 몸무게는 브라키오사우루스와 별 차이가 없습니다. 세이스모사우루스는 목과 꼬리 부분이 긴 것일 뿐, 몸통 자체의 크기만 보면 브라키오사우루스와 비슷하거든요.

세이스모사우루스의 긴 목과 꼬리는 길이만큼이나 훌륭한 기능을 갖고 있었습니다. 긴 목은 목뼈 하나하나가 길어서 좌우로 마음대로 움직일 수 있었어요. 덕분에 세이스모사우루스는 좌우로 널리 볼 수 있었지요. 또한 세이스모사우루스의 긴 꼬리는 육식 공룡의 공격을 막는 데 유용했어요. 긴 꼬리를 채찍처럼 휘두르면 다른 어떤 공룡의 꼬리보다도 위협적이었지요.

세이스모사우루스의 다리는 몸길이에 비해 짧고 굵어 아주 튼튼했습니다. 덕분에 무거운 몸을 지탱할 수 있었어요. 세이스모사우루스가 숲에서 걸어다닐 때면 땅이 흔들렸을 것이라는 생각 때문에 '지진 도마뱀'이라는 이름도 붙여진 것입니다.

세이스모사우루스의 이빨은 나뭇잎을 훑기에는 좋았지만, 나뭇잎을 완전히 으깰만큼 발달하지는 못했어요. 그래서 위석이 필요했지요. 세이스모사우루스의 갈비뼈 사이에서 230개의 위석이 발견된 적도 있답니다.

나보다 긴 공룡은 없을걸?

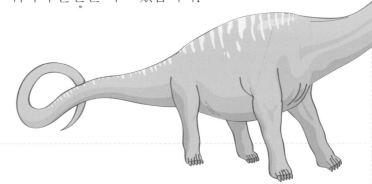

아마르가사우루스

Amargasaurus 뜻》 아마르가 도마뱀

종류 용반목 〉 용각류

발견 지역 남아메리카

크기

5t

⊢——10~12m——⊣

살던 시기

트라이아스기   쥐라기   백악기

아마르가사우루스는 용각류 공룡치고는 몸집이 작고 목이 짧은 편입니다. 브라키오사우루스나 세이스모사우루스 같은 일반적인 용각류 공룡들은 몸통 길이보다 목이 훨씬 길지만 아마르가사우루스는 목 길이와 몸통 길이가 거의 비슷하지요.

아마르가사우루스의 가장 큰 특징은 목에 달린 기다란 두 줄의 가시 돌기입니다. 이 가시 돌기는 등뼈 하나하나에서 뻗어나와 있답니다. 이 가시 돌기의 역할이 무엇인지에 대해선 학자들마다 서로 생각이 달라요. 그중 가장 가능성이 있는 이야기는 가시 돌기

화려하고 긴 가시돌기, 부럽지?

사이에 피부막이 있어서 이것으로 체온을 조절했다는 것과 가시돌기가 몸을 크게 보이는 역할을 했을 거라는 의견이에요. 그 밖에 다른 종과 구분되는 표시이거나 암수를 구분하는 표시였을 것이라는 의견도 있지요.

아마르가사우루스도 다른 용각류 공룡들처럼 어울려 생활하기를 좋아했어요. 하지만 다른 용각류 공룡들이 수십 마리씩 무리 지어 생활한 것과 달리 가족 단위로 오붓하게 생활했어요.

아마르가사우루스는 주로 네 발로 걸어다녔지만 필요하면 뒷다리로 지탱한 채 앞다리를 들기도 했어요. 뭉툭하게 생긴 이빨로 나뭇잎을 훑어 먹었고, 위석을 이용해 소화를 시켰습니다.

다른 공룡이 공격하면 튼튼한 꼬리를 휘둘러 위기를 모면했답니다.

스테고사우루스

Stegosaurus 뜻》 지붕 도마뱀

종류　조반목 〉 검룡류(판 공룡)

발견 지역　북아메리카

크기　　3~6t

├── 6~9m ──┤

살던 시기

트라이아스기　쥐라기　백악기

'지붕 도마뱀'이라는 뜻의 스테고사우루스는 대표적인 검룡입니다. 검룡은 등에 뽀족한 골판이 달린 공룡을 말해요. '판 공룡'이라고도 부르지요. 켄트로사우루스, 투오지안고사우루스 등이 검룡류에 속합니다.

스테고사우루스는 검룡류 중에서 몸집이 큰 편에 속해요. 등에 있는 골판도 큰 것은 높이가 1m나 되었다고 합니다. 넓적하고 뽀족한 골판은 두 줄씩 서로 엇갈려 있는데, 머리에서 등으로 갈수록 커졌다가 꼬리로 갈수록 작아져요.

골판 속에는 혈관이 있어서 체온을 조절하는 역할을 했을 거라고 해요. 체온을 올릴 때는 햇볕을 잘 받을 수 있게, 반대로 체온을 내릴 때는 햇볕을 덜 받도록 골판의 위치를 조절했을 거라는 것이지요.

스테고사우루스의 또 다른 특징은 꼬리에 4개의 가시가 돋아 있는 것이에요. 육식 공룡의 공격을 받으면 뽀족한 가시가 달린 꼬리를 휘둘렀지요. 스테고사우루스류 중에는 이 가시가 8개 달린 것도 있었다고 해요.

스테고사우루스는 몸집에 비해 머리가 매우 작아요. 머리 길이는 약 40cm에, 뇌는 약 70g 가량으로 골프공 정도의 크기예요. 공룡의 지능은 뇌의 크기에 따라 달라지는 것으로 알려져 있는데, 그렇게 따지면 스테고사우루스는 영리한 공룡은 아니었어요.

스테고사우루스는 네 발로 걸어 다녔는데 앞다리가 뒷다리보다 짧았어요. 또한 땅 위의 풀을 뜯어 먹으며 살았고, 성질은 온순했어요.

등에 나 있는
내 골판 멋지지?

초식 공룡

안킬로사우루스

Ankylosaurus 뜻》굽은 도마뱀

종류 조반목 〉곡룡류(갑옷 공룡)
발견 지역 북아메리카
크기 4t

├── 9~10m ──┤

살던 시기

트라이아스기 쥐라기 백악기

안킬로사우루스는 대표적인 곡룡입니다. 곡룡은 머리부터 꼬리까지 딱딱한 뼈가 갑옷처럼 뒤덮여 있는 공룡을 말해요. '갑옷 공룡'이라고도 하지요. 노도사우루스, 에드몬토니아, 에우오플로케팔루스 등이 여기에 속해요.

안킬로사우루스는 곡룡류 중에서 가장 몸집이 커요. 머리 크기만 해도 80cm에 이르지요. 이에 비해 입은 작고 부리처럼 생겼어요.

안킬로사우루스의 몸은 두꺼운 갑옷 같은 딱딱한 골판으로 싸여 있답니다. 얼굴과 눈꺼풀까지도요. 마치 방탄복을 입은 듯한 모습이에요. 딱딱한 골판 사이는 부드러워서 몸을 움직이는 데에는 전혀 지장이 없어요. 반면, 배 부분은 골판이 없어 부드러운 편이었어요. 그래서 육식 공룡이 공격해 올 때면 납작하게 엎드려서 배를 보호했답니다.

안킬로사우루스는 꼬리 끝에 곤봉처럼 생긴 뼈 뭉치를 달고 있어요. 이 뼈 뭉치는 사람 머리 크기만하고 무거웠지만, 튼튼한 꼬리 근육으로 뼈 뭉치를 지탱할 수 있었지요.

안킬로사우루스는 육식 공룡이 공격해 올 때뿐 아니라 동족끼리 싸울 때에도 이 뼈 뭉치를 사용했어요. 뼈 뭉치가 달린 꼬리를 치켜들고 좌우로 흔들면서 말이에요.

내 곤봉 맛 좀 볼래?

초식 공룡

트리케라톱스

Triceratops 뜻》세 개의 뿔이 있는 얼굴

종류 조반목 〉 각룡류(뿔 공룡)
발견 지역 북아메리카
크기

5~10t

├─── 7~10m ───┤

살던 시기

트라이아스기　쥐라기　백악기

트리케라톱스라는 이름은 '세 개의 뿔이 있는 얼굴' 이라는 뜻이에요. 이렇게 머리에 뿔이 나 있는 공룡을 각룡 또는 뿔 공룡이라고 하는데, 트리케라톱스는 각룡 중에서도 가장 덩치가 크고 멋지게 생긴 공룡으로 꼽힌답니다. 생김새는 코뿔소와 비슷했고, 힘이 매우 세었어요.

뿔이 나 있는 것은 육식 공룡으로부터 몸을 보호하기 위해서라고 알려져 있어요. 머리 뒤쪽으로는 커다란 부채를 펼쳐 놓은 듯한 프릴(물결 모양의 주름)이 목을 덮고 있어요. 이 프릴은 동족끼리 서열을 정하

내 뿔과 프릴 멋지지?

거나 짝짓기를 하는 데도 이용되었다고 해요.

트리케라톱스의 앞발은 세 개의 뿔과 프릴이 있는 무거운 머리를 지탱할 수 있도록 코끼리 발처럼 육중하고 튼튼했어요. 발바닥도 넓고 두툼해서 머리의 무게를 잘 견뎌 낼 수 있었답니다.

그러나 투박한 생김새와는 대조적으로 주둥이는 앵무새 부리처럼 생겼어요. 주둥이 안쪽에는 단단한 먹이도 자를 수 있는 이빨이 있었어요. 이 이빨이 닳아서 없어지면 다시 새 이빨이 났지요.

오랜 기간 지구를 누볐던 공룡 중에서도 각룡은 중생대 말까지 살아남은 공룡이에요. 백악기 말에 날씨가 건조하고 추워졌을 때 두꺼운 피부가 몸을 보호해 주어서 환경의 변화를 잘 견뎌 낼 수 있었답니다. 그러나 너무 늦게 나타났기 때문에 다른 대륙으로 종족을 널리 퍼뜨리지는 못했어요.

파키케팔로사우루스

Pachycephalosaurus 뜻》두꺼운 머리를 가진 도마뱀

종류 조반목 > 후두류
(박치기 공룡)

발견 지역 북아메리카

크기

1t

├── 4~6m ──┤

살던 시기

트라이아스기 쥐라기 백악기

나는 박치기 대장!

내가 더 셀걸!

파키케팔로사우루스란 이름은 '두꺼운 머리를 가진 도마뱀'이라는 뜻이에요. 마치 헬멧이나 바가지를 쓴 것처럼 보이는 단단한 머리뼈 때문에 이런 이름이 붙여졌지요. 뭉툭한 얼굴과 두꺼운 반원 모양의 머리 주변에는 혹처럼 생긴 것이 여러 개 솟아나 있어요.

파키케팔로사우루스처럼 두꺼운 머리뼈를 가진 공룡을 후두류 또는 박치기 공룡이라고 부릅니다. 스테고케라스, 프레노케팔레, 호말로케팔레 등이 여기에 속하지요. 이들은 모두 앞다리가 짧은 편이어서 두 발로 걸어 다녔고, 서로 무리를 지어 살았답니다.

파키케팔로사우루스의 머리뼈는 나이를 먹을수록 두꺼워졌어요. 이들 중에는 머리뼈의 두께가 무려 25cm나 되는 공룡도 있었다고 해요.

이러한 신체적 특징으로 볼 때 암컷을 차지하려고 겨루거나 수컷끼리 서열을 가릴 때 머리를 부딪치며 싸웠을 거라고 생각했어요. 그런데 최근에 이들의 머리뼈와 목등뼈가 충격에 약하다는 사실이 밝혀지면서 머리로 상대방의 옆구리를 들이받거나 머리를 맞대고 밀어내는 식으로 싸웠을 거라는 추측도 생겨났습니다.

파키케팔로사우루스는 앞다리가 짧지만 뒷다리는 튼튼하고 길어 긴 뒷다리로 빠르게 달렸어요. 두꺼운 머리뼈에 비해 뇌는 작았고 시력은 좋았습니다. 또한 좁은 주둥이에 톱니가 있는 나뭇잎 모양의 이빨이 나 있어서 식물을 자르기에 알맞았지요.

이구아노돈

Iguanodon 뜻》이구아나의 이빨

종류 조반목 〉조각류

발견 지역 유럽, 북아메리카,
아시아, 아프리카

크기

4~5t

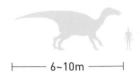

├─ 6~10m ─┤

살던 시기

트라이아스기 쥐라기 백악기

이구아노돈은 조반목 공룡 중에서 가장 널리 알려
진 공룡입니다. 여러 대륙에 걸쳐 이구아노돈의 화
석이 발견되었지요.

1822년, 영국인 의사 맨텔은 부인이 발견한 이상한
뼈를 보고는 이구아나와 닮은 초식 파충류의 이빨이
라고 생각했어요. 그래서 '이구아나의 이빨'이라는
뜻으로 이구아노돈이라는 이름을 붙였습니다.

그러나 이후 이것은 초식 파충류의 이빨이 아니라
공룡 앞발의 엄지
발톱이라는 사실
이 밝혀졌어요.
그 후 벨기에에서 20마
리가 넘는 이구아노돈
의 화석이 발견되어 거
의 완전한 모습을 확인

내 엄지발톱
멋지지?

할 수 있게 되었습니다.

성질이 온순했던 이구아노돈은 주로 무리를 지어
살며 몸을 안전하게 보호하려고 했어요. 육식 공룡
이 공격해오면 앞발의 뾰족한 엄지발톱을 이용했습
니다. 뾰족하게 툭 튀어나온 발톱은 날카로워서 육
식 공룡과 싸울 때 좋은 무기가 되었지요. 또 위험할
때는 긴 꼬리를 휘둘러 육식 공룡의 공격을 막기도
했어요.

이구아노돈은 네 발로 걸어 다니면서 땅에 난 풀을
뜯어 먹고, 두 발로 몸을 지탱하고 서서 키 큰 나무의
나뭇잎을 따 먹었어요. 또 적으로부터 도망갈 때는
꼬리로 중심을 잡고 두 발로 빠르게 달렸지요. 그러
나 앞발이 무언가를 움켜쥐기보다는 걷기에 알맞게
생긴 것을 보면, 네 발로 걷는 일이 더 많았을 것으로
보여요.

마이아사우라

Maiasaura　뜻》 착한 어미 도마뱀

종류 조반목 〉 조각류
발견 지역 북아메리카
크기

4t

├─ 9~10m ─┤

살던 시기

트라이아스기　쥐라기　백악기

> 새끼를 잘 돌보는 게
> 어미가 할일이야.

　'착한 어미 도마뱀'이라는 뜻을 가진 마이아사우라는 주둥이가 오리처럼 넓적하게 생긴 오리주둥이 공룡입니다. 화석을 통해 공룡도 알에서 깨어난 새끼를 정성껏 돌보았다는 사실을 알린 주인공이기도 하지요. 이 공룡 화석이 발견되기 전까지는 다른 파충류처럼 공룡도 새끼가 알을 깨고 나오면 전혀 돌보지 않을 거라고 생각했어요.

　마이아사우라의 화석은 1978년 미국 몬태나 주에서 처음 발견되었는데 그 보금자리에는 놀랍게도 어미 공룡과 알 껍데기, 그리고 몸길이가 90cm 정도 되는 새끼 공룡 15마리의 화석이 한곳에 모여 있었어요.

　이 화석을 통해 마이아사우라의 새끼는 보금자리에서 생활하면서 어미 공룡이 가져다주는 먹이를 받아먹었다는 것을 확인할 수 있었습니다. 새끼가 혼자 힘으로 먹이를 찾을 수 있을 때까지 어미 공룡이 돌봤던 거지요.

　화석을 통해 밝혀진 또 하나의 사실은 마이아사우라는 집단으로 생활을 했다는 것입니다. 한 보금자리에서 여러 마리의 공룡 화석이 발견되었거든요. 초식 공룡인 마이아사우라가 육식 공룡에게 잡아먹히지 않기 위해 무리를 지어 먹을 것을 찾아다녔다는 사실이 확인된 것이에요.

　마이아사우라의 넓고 납작한 주둥이 안에는 갈고 씹는 이빨이 발달해서 다른 초식 공룡이 쉽게 먹을 수 없는 식물의 질긴 부분도 먹을 수 있었어요.

파라사우롤로푸스

Parasaurolopus 뜻》유사 볏 도마뱀

종류 조반목 〉 조각류
발견 지역 북아메리카
크기

7t

├─10~12m─┤

살던 시기

트라이아스기　쥐라기　백악기

우린 울림통으로
서로 대화를 해!

파라사우롤로푸스나 마이아사우라처럼 입이 오리주둥이처럼 툭 튀어나오고 넓적한 공룡을 '오리주둥이 공룡'이라 불러요. 하드로사우루스, 친타오사우루스, 사우롤로푸스, 코리토사우루스 등이 여기에 속하지요.

파라사우롤로푸스는 머리 뒤쪽으로 길이가 2m나 되는 긴 볏이 있고 등에 홈이 파져 있어요. 머리를 뒤로 젖히면 긴 볏의 끝 부분과 등의 홈 부분이 꼭 맞았어요. 긴 볏은 저마다 모양과 색깔이 달랐다고 해요.

이 긴 볏의 속은 텅 비어 콧구멍까지 이어져 있는데, 이것이 울림통 역할을 해서 소리를 크고 다양하게 만들 수 있었어요. 그래서 많은 학자들은 볏이 의사소통을 할 때 이용되었다고 주장합니다. 적의 위협을 받았을 때 속이 빈 볏을 이용해 다른 무리들에게 알렸을 거라는 것이지요.

한편 수컷의 볏이 더 긴 것으로 보아 짝지을 때 과시용으로 쓰였을 것이라는 주장도 있습니다. 하지만 실제로 어떤 용도로 쓰였는지는 아직 밝혀지지 않았어요.

파라사우롤로푸스는 덩치는 컸지만 성질은 온순했고 무리를 지어 살았지요. 이빨 화석을 보면, 부리에는 이가 없지만 안쪽에는 많게는 수백 개가 넘는 어금니가 나 있어요. 다른 동물을 물어뜯을 날카로운 이빨 대신 잘 씹을 수 있는 어금니를 많이 가진 것이죠. 이렇게 많은 어금니 덕분에 질긴 식물도 잘게 씹어서 넘길 수 있었답니다.

딜로포사우루스

Dilophosaurus 뜻》두 개의 볏이 달린 도마뱀

종류 용반목 〉원시 수각류

발견 지역 북아메리카

크기

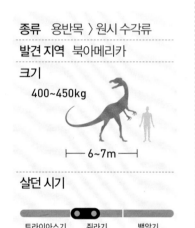

400~450kg

├── 6~7m ──┤

살던 시기

트라이아스기 쥐라기 백악기

내 머리엔 볏이
두 개나 있지!

수각류 공룡 중에서 쥐라기 전기에 먼저 나타난 무리는 원시 수각류로 분류해요. 딜로포사우루스, 케라토사우루스, 코엘로피시스, 신타르수스 등이 여기에 속합니다. 후에 나타난 수각류는 이들 원시 수각류보다 몸집이 크고 훨씬 발달했지요.

딜로포사우루스의 가장 큰 특징은 머리에 있는 두 개의 볏이에요. 이 볏이 어떤 역할을 했는지 아직 확실하게 알려지지는 않았습니다. 하지만 딱딱하지 않고 크기도 작아 무기로 쓰이기보다는 다른 공룡에게 과시하는 용도였을 것으로 보여요.

딜로포사우루스는 몸집에 비해 앞발과 꼬리가 가늘었어요. 그러나 뒷다리는 튼튼한 편이어서 두 발로 완벽하게 걸어 다닐 수 있었지요.

대부분의 수각류는 주로 두 발로 걸었기 때문에 앞발은 손 역할을 했습니다. 딜로포사우루스의 앞발에는 세 개의 발가락이 있었는데, 날카롭고 갈고리처럼 휘어져 먹이를 움켜쥐고 먹는 데 요긴하게 쓰였으리라고 짐작할 수 있습니다.

육식 공룡이지만 턱이 약하고 이빨은 날카롭지만 가늘어서 살아 있는 큰 공룡을 직접 사냥하기는 힘들었어요. 대신 날카로운 발톱으로 작은 초식 공룡을 사냥하거나 다른 공룡이 잡아 놓은 먹이의 살 찌꺼기와 죽은 고기를 먹었을 거예요.

스피노사우루스

Spinosaurus 뜻) 가시(돛) 도마뱀

종류 용반목 〉수각류

발견 지역 아프리카

크기

6~7t

├──12~13m──┤

살던 시기

트라이아스기 쥐라기 백악기

우린 돛이 있는 것 빼고는 닮은 게 없어.

스피노사우루스는 강한 턱과 날카로운 이빨이 있는 육식 공룡이에요. 가장 뚜렷한 특징은 등에 부챗살처럼 생긴 돛이 있다는 점입니다. 이 돛은 피부와 연결되어 있으며 높이는 1.5~2m 정도로 꽤 높지요.

스피노사우루스처럼 등에 돛이 있는 것은 오우라노사우루스, 알티스피나쿠스, 디메트로돈 정도로 종류가 많지 않습니다. 그런데 이 공룡들도 등에 돛이 있다는 공통점 말고는 별로 관계가 없어요.

오우라노사우루스는 스피노사우루스와 비슷하게는 생겼지만 이구아노돈류의 공룡으로, 스피노사우루스와는 전혀 다른 초식 공룡이에요. 또 알티스피나쿠스는 백악기 전기에 살았던 육식 공룡인데 등에 있는 돛이 스피노사우루스의 것보다 훨씬 낮았어요. 디메트로돈은 스피노사우루스보다 더 높고 멋있는 부채 모양의 돛이 있었는데 스피노사우루스가 나타나기 훨씬 이전인 고생대 페름기에 살았던 육식 파충류입니다.

이들의 돛은 체온을 조절하는 역할을 했을 것으로 보여요. 더운 낮에는 이 돛을 이용하여 태양열을 덜 받게 하거나 돛에 바람을 쏘여서 시원하게 하고, 반대로 서늘한 밤에는 돛에 간직한 태양열의 따뜻한 기운으로 아침까지 따뜻하게 지낼 수 있었지요. 어떤 학자들은 돛이 짝에게 잘 보이기 위해서이거나 몸집을 더 크게 보이게 하여 상대방을 위협하는 데 쓰였을 거라고 주장하기도 합니다.

스피노사우루스는 티라노사우루스보다 몸집이 크고 뒷다리도 더 날렵하고 튼튼했답니다.

알로사우루스

Allosaurus 뜻》특별한 도마뱀

종류 용반목 〉 수각류

발견 지역 북아메리카, 아프리카

크기

1.5~3.5t

⊢──9~11m──⊣

살던 시기

트라이아스기   쥐라기   백악기

쥐라기의 왕은
나라고!

알로사우루스는 쥐라기 시대에 살았던 가장 무섭고 힘이 센 공룡입니다. 티라노사우루스가 지구상에 등장하기 훨씬 전에 살았던 공룡이지요.

그 당시 알로사우루스는 초식 공룡은 물론이고, 다른 육식 공룡들까지도 무서워서 벌벌 떨 정도의 존재였습니다. 몸집은 매우 작지만 머리가 좋고 사나워서 사냥을 잘했던 콤프소그나투스는 알로사우루스가 나타나면 사냥한 먹이도 두고 도망갈 정도였어요. 몸집이 큰 아파토사우루스 같은 큰 용각류 공룡도 공격했지요.

알로사우루스는 몸길이가 9~11m 정도로, 수각류 공룡 중에서 덩치가 큰 편에 속합니다.

알로사우루스는 먹잇감을 발견하면 힘차게 달려와서 강한 턱을 이용해 먹잇감의 목을 물고 세차게 흔들어서 죽였어요. 알로사우루스는 큰 몸집에 비해 몸무게가 가볍고 뒷다리가 튼튼해서 빨리 달릴 수 있었거든요.

알로사우루스의 앞다리는 뒷다리에 비해 짧고 작아요. 하지만 세 개의 앞발가락에 7.5cm나 되는 날카롭고 긴 발톱이 달려 있어서 잡은 먹이를 짓누르는 데 사용할 수 있었지요.

한편, 알로사우루스는 종종 죽은 고기를 먹기도 했는데 그 증거가 화석으로도 남아 있답니다.

알로사우루스의 눈 바로 위에는 짧은 돌기가 한 쌍 튀어나와 있어요. 아마도 이 돌기는 눈을 보호하는 역할을 했을 것으로 보입니다.

티라노사우루스

Tyrannosaurus　뜻》폭군 도마뱀

종류 용반목 〉수각류

발견 지역 북아메리카

크기

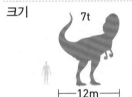

7t

12m

살던 시기

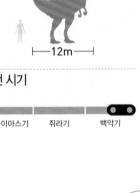

트라이아스기　쥐라기　백악기

백악기 후기에 살았던 티라노사우루스는 우리에게 널리 알려진 공룡입니다.

1902년, 미국 몬태나 주에서 배넘 브라운이 티라노사우루스의 뼈 일부를 처음 발견한 이래로 다른 곳에서도 이 공룡의 뼈가 계속해서 발견되었지요.

티라노사우루스는 가장 힘이 센 공룡으로 손꼽힙니다. 몸무게가 7t이나 되고 무시무시하게 생겼을 뿐 아니라 성질도 포악했지요.

티라노사우루스는 먹잇감을 발견하면 시속 40km나 되는 엄청난 속도로 돌진해서 덮쳤어요. 육중한 몸을 쿵쿵거리면서 뛰어다니는 모습을 보기만 해도 작은 공룡들은 지레 겁을 먹었어요. 그래서 학자들은 이 공룡을 '폭군 도마뱀'이라는 뜻의 티라노사우루스라 불렀답니다.

티라노사우루스는 뒷다리가 아주 크고 튼튼했어요. 게다가 날카로운 발가락이 앞쪽으로 세 개, 뒤쪽으로 한 개가 나 있어서 먹이를 쉽게 넘어뜨릴 수 있었지요. 반면 앞다리는 매우 작았고, 발가락은 겨우 두 개였어요. 이 앞다리는 주로 먹잇감을 움켜쥐는 데 사용했지요.

티라노사우루스는 튼튼한 뒷다리로 똑바로 서서 큰 몸집을 이끌고 걸어 다녔는데, 길고 큰 꼬리가 몸의 균형을 잡아 주었어요. 이 꼬리는 먹잇감을 후려치는 데에도 사용되었지요.

티라노사우루스가 죽은 공룡의 시체를 먹는 청소부였다고 주장하는 학자도 있지만 다른 동물을 먹이로 삼는 무서운 포식자로 활동했을 가능성이 더 높답니다.

난 공룡계의 연예인!

갈리미무스

Gallimimus 뜻》닭을 닮음

종류 용반목 〉수각류

발견 지역 아시아

크기

120kg

├── 6m ──┤

살던 시기

트라이아스기　쥐라기　백악기

'닭을 닮은 공룡'이라는 뜻의 갈리미무스는 타조 공룡입니다. 타조 공룡은 머리가 작고, 목이 가늘며 몸매가 늘씬하고 다리가 긴 것이 특징입니다. 또한 새의 부리처럼 생긴 입을 가지고 있습니다. 하르피미무스, 오르니토미무스 등이 타조 공룡에 속하지요.

갈리미무스는 몸길이가 6m 정도로 타조 공룡 무리 중에서는 가장 커요. 하지만 뼛속은 비어 있어서 몸무게는 120kg 정도밖에 나가지 않습니다.

갈리미무스는 다리가 길고 몸이 날쌔서 시속 50km가 넘는 아주 빠른 속도로 달릴 수 있어요. 꼬리로 몸의 균형을 잡으면서 말이지요. 또한 시력이 좋아서 멀리서 오는 적을 쉽게 알아차릴 수 있답니다. 비록 자기보다 힘센 육식 공룡과 맞서 싸울 강력한 무기는 없지만, 적이 오는 것을 빨리 알아차리고 누구보다 빨리 도망칠 수 있어서 위험한 상황에 잘 빠지지 않지요.

갈리미무스는 열매나 곤충, 자기보다 작은 동물을 먹으며 생활했어요. 또 짧은 앞다리에 있는 세 개의 발가락을 이용해 다른 공룡의 알을 먹기도 했지요.

갈리미무스는 이빨이 없어서 먹이를 씹지 않고 그대로 삼켰어요. 그러면 위 속에 있는 위석이 먹이를 잘게 부수어 소화를 도왔지요.

오비랍토르

Oviraptor 뜻〉알 도둑

종류 용반목 〉수각류

발견 지역 아시아

크기

35kg

├ 1.5~3m ┤

살던 시기

트라이아스기 　 쥐라기 　 백악기

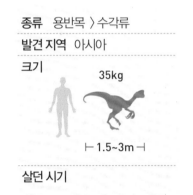

알을 안전하게 보호할 거야!

오비랍토르는 맨 처음 프로토케라톱스의 둥지에서 알들과 함께 발견되었습니다. 이빨은 없지만 턱이 튼튼해서 알과 같은 딱딱한 껍데기를 잘 깰 수 있게 생긴 오비랍토르를 보고 학자들은 '알 도둑'이라는 이름을 붙였습니다.

하지만 1920년대에 몽골 고비사막에서 발견된 화석으로 인해 오비랍토르는 '알 도둑'이라는 누명을 벗게 되었습니다. 바로 암컷 오비랍토르가 뒷발과 앞발을 둥지 안으로 접어 넣은 채 알을 품고 있는 화석이 발견되었거든요. 마치 새처럼 말이에요. 처음 발견되었던 알도 다른 공룡의 알이 아닌 오비랍토르의 알이었던 것으로 알려지면서 오비랍토르는 이름과는 다르게 모성애가 매우 강한 공룡임이 밝혀졌습니다.

오비랍토르의 둥지에 남아 있는 여러 개의 알들은 층을 이루며 원 모양으로 배열되어 있어요. 오비랍토르가 알을 보호하기 위해 둥그렇게 구멍을 판 후, 웅크리고 앉아 돌면서 알을 하나씩 낳았던 것이지요. 또한 알을 지키기 위해 무리 지어 다녔을 가능성이 큽니다. 그것이 안전하게 알을 낳아 부화시키기 위한 최선의 방법이었을 거예요.

오비랍토르는 새와 비슷한 뼈 구조를 가지고 있습니다. 날렵한 몸집과 튼튼한 뒷다리를 이용해 빠르게 뛰었어요.

앞발에 있는 세 개의 발가락은 갈고리처럼 생겨서 먹이를 움켜쥘 수 있었지요. 머리에는 볏이 있었고, 주둥이는 새 부리처럼 생겼지요.

테리지노사우루스

Therizinosaurus 뜻》큰 낫 도마뱀

종류 용반목 〉수각류

발견 지역 아시아

크기

3~6t

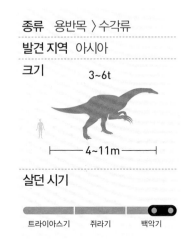

├──── 4~11m ────┤

살던 시기

| 트라이아스기 | 쥐라기 | 백악기 ● |

아시아 지역의 몽골에서 발견된 테리지노사우루스는 '큰 낫 도마뱀'이라는 뜻입니다. 앞발에 낫처럼 생긴 거대한 세 개의 발톱이 달려 있어서 붙여진 이름이지요. 이 발톱은 70cm에 이르며 일반적인 수각류 공룡들의 발톱과는 다릅니다.

대부분의 수각류 공룡들의 발톱은 갈고리처럼 생겨서 먹잇감을 공격하는 데 쓰이지만, 테리지노사우루스의 발톱은 너무 얇고 직선형이라서 먹잇감을 공격하기에는 부적합해요. 그래서 이 발톱이 방어용 무기였다는 의견, 곤충의 집을 무너뜨려 먹는 데 사용했다는

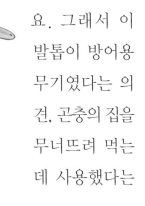

난 고기보다 풀이 좋아!

의견 등이 있지만 정확하게 어떤 역할을 했는지 아직 밝혀지지 않았습니다.

테리지노사우루스는 머리가 작고 목이 길며 꼬리는 짧아요. 턱의 근육이 약하고 입 안쪽에는 작은 이빨들이 가지런하게 나 있지요. 이러한 턱과 이빨로 고기를 씹어 먹기는 어려웠을 거예요. 그래서 테리지노사우루스는 수각류 공룡이지만 특이하게 초식을 주로 했어요. 위와 장이 길고 커서 소화 기능은 좋았을 것으로 추측됩니다.

테리지노사우루스는 새를 닮은 공룡 무리 중에서는 몸집이 큰 편이에요. 큰 몸집에 어울리게 45cm나 되는 알이 발견되었는데 이것은 현재까지 발견된 공룡알 중에서 가장 크답니다.

테리지노사우루스는 앞다리를 든 채 커다란 뒷다리로 걸어 다녔습니다.

벨로키랍토르

Velociraptor 뜻》날쌘 도둑

종류 용반목 〉수각류

발견 지역 아시아

크기

90kg

├─1.5~2m─┤

살던 시기

트라이아스기	쥐라기	백악기

'날쌘 도둑'이라는 뜻을 가진 벨로키랍토르는 사나운 육식 공룡입니다. 머리가 길쭉하고 납작한 입에는 날카로운 이빨이 나 있어요. 몸에 비해 뇌의 크기가 상당히 큰 것으로 보아 꽤 영리한 공룡이었을 것으로 여겨지지요.

1971년 몽골 고비사막에서는 놀라운 화석이 발견되었습니다. 바로 벨로키랍토르가 초식 공룡인 프로토케라톱스를 공격하는 순간이 그대로 나타난 완전한 모습의 화석이었지요.

벨로키랍토르가 앞발로는 프로토케라톱스의 머리를 쥐어잡고, 뒷발의 날카로운 발톱으로는 배를 찌르고 있는 모습이 오랜 세월 동안 그대로 고비사막의 모래 안에 파묻혀 있었던 것입니다.

벨로키랍토르는 주로 여럿이 무리 지어 다니며 사냥을 했어요. 몸이 날쌔서 먹잇감을 발견하면 튼튼한 뒷다리로 점프하여 먹잇감에 올라탄 후, 뒷발의 둘째 발톱으로 상대를 찍었어요. 이 발톱은 굵고 갈고리처럼 휘어져 있어 사냥에 적합했지요. 또한 앞발은 자유롭게 움직일 수 있어 먹이를 움켜쥘 수 있었어요.

데이노니쿠스나 유타랍토르도 이런 갈고리 발톱을 가지고 있었어요. 이들 역시 이 날카로운 발톱을 이용해 사냥을 했지요. 이처럼 뒷발의 발톱이 매우 날카롭고 뾰족한 육식 공룡 무리를 '새를 닮은 공룡'으로 분류합니다.

꼼짝 마!

프테라노돈

Pteranodon　뜻》 날개는 있고 이빨은 없음

종류 익룡

발견 지역 북아메리카

크기

15~25kg

├── 7~10m ──┤
펼친 날개의 폭

살던 시기

트라이아스기　쥐라기　백악기

공룡이 지구를 지배할 때 하늘을 날아다니던 한 무리의 파충류가 있었어요. 이들은 공룡은 아니지만 공룡과 같은 시대에 살았던 익룡이에요. 그중에서 대표적인 것이 바로 프테라노돈이지요.

'날개는 있고 이빨은 없음'이라는 뜻을 가진 프테라노돈은 현재 지구상에 살고 있는 어떤 종류의 새보다도 날개가 크고 길었어요. 양 날개를 펼쳤을 때의 길이가 7~10m나 되었지요. 날개막이 두꺼운 조직으로 되어 있어서 지금의 새처럼 날개를 세차게 퍼덕이면서 하늘을 날았을 거예요.

프테라노돈이 이렇게 긴 날개를 펼치며 마음껏 날 수 있었던 것은 머리 길이의 절반을 차지하는 기다란 볏 덕분입니다. 이 볏이 몸의 균형을 잡아주고 방향을 잘 틀 수 있게 도와줬지요.

프테라노돈의 목은 길고 유연했습니다. 다리는 긴 편이었고, 꼬리는 짧았어요.

프테라노돈의 양 날개에는 손가락이 네 개 붙어 있어요. 그중 네 번째 손가락이 무척 길어서 날개의 한 축을 이루었는데, 이것을 날개 손가락이라고 부릅니다. 이 손가락은 뼈 속이 텅텅 비어서 무게를 가볍게 해 주었지요.

프테라노돈의 화석이 발견된 지역은 오랜 옛날에 바다였던 곳이에요. 이것으로 보아 프테라노돈은 주로 바다 위를 날아다니면서 수면 위로 튀어 오르는 물고기를 잡아먹고 살았을 것이라 생각돼요.

이빨은 없었지만 부리가 길고 뾰족해서 쉽게 물고기를 낚아챘을 거예요. 그리고 부리 아래에는 주머니가 달려 있어서 잡은 물고기를 담아둘 수 있었습니다.

하늘은 내가 지배해!

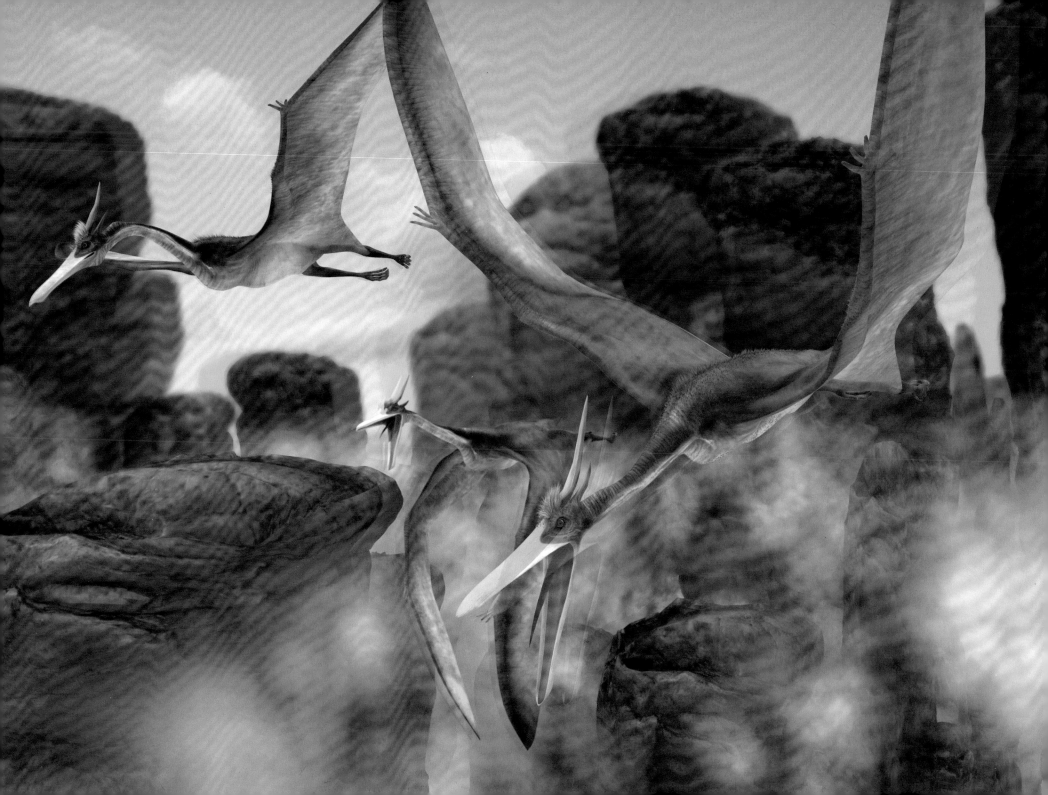

모사사우루스

Mosasaurus 뜻》 뮤즈의 도마뱀

종류 해양 파충류 〉 바다 도마뱀
발견 지역 유럽, 북아메리카
크기

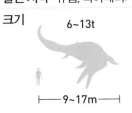

6~13t

├──9~17m──┤

살던 시기

트라이아스기　쥐라기　백악기

공룡 시대에 바다 속에는 목이 긴 수장룡, 돌고래를 닮은 어룡 이외에도 바다 도마뱀인 해양 파충류가 살고 있었어요.

해양 파충류 중에서도 가장 먼저 발견된 것은 모사사우루스예요. 1770년, 프랑스에서 그 골격이 발견되자 사람들은 처음에 '거대한 동물'이라는 이름을 붙였습니다. 사람들의 상상을 뛰어넘는 크기였거든요. 이 거대한 동물은 뼈의 구조가 도마뱀에 가깝다 하여 후에 '뮤즈의 도마뱀'이라는 뜻의 모사사우루스라는 이름을 얻게 되었어요.

모사사우루스는 물고기와 도마뱀을 섞어 놓은 듯한 모습이에요. 보트처럼 완만하고 편평한 몸통에 네 개의 지느러미와 긴 꼬리를 가졌지요.

또 상어처럼 강한 턱과 날카로운 이빨을 가진 것이 특징이에요. 그래서 바다 생물을 닥치는 대로 잡아먹을 수 있었습니다. 껍데기가 매우 딱딱한 암모나이트도 한 번에 뚫을 수 있었어요. 실제로 암모나이트 화석에서 모사사우루스의 이빨 자국이 발견되기도 했지요.

모사사우루스는 바다 생물 외에 날아다니는 익룡도 잡아먹었어요. 익룡이 물고기를 잡기 위해 수면 가까이 다가올 때 물 위로 뛰어올라 잽싸게 낚아채는 방법으로 말이지요.

이렇게 빠르고 강하게 점프할 수 있었던 것은 힘센 꼬리 지느러미 덕분이었어요. 모사사우루스는 보통 꼬리를 좌우로 흔들면서 꽤 빠른 속도로 헤엄쳤는데, 이때 가속도가 붙으면 돌고래처럼 물 위로 뛰어오를 수도 있었답니다.

탄탄한 내 꼬리가 최고야!

데이노수쿠스

Deinosuchus 뜻》무서운 악어

종류 악어

발견 지역 북아메리카

크기

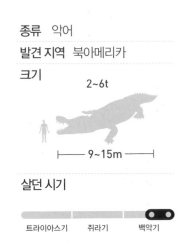

2~6t

9~15m

살던 시기

트라이아스기　쥐라기　백악기

'무서운 악어'라는 뜻의 데이노수쿠스는 오늘날 악어들의 조상으로, 백악기 후기에 살았습니다. 데이노수쿠스는 역사상 가장 큰 악어예요. 지금의 악어는 몸길이가 커 봐야 약 6m 정도인데 데이노수쿠스의 몸길이는 9~15m에 이르렀어요. 몸무게는 2~6t이나 나갔지요. 몸집이 이렇게 크다 보니 땅 위에서 움직이는 것은 힘이 들어 매우 느리게 움직이면서 일광욕을 즐겼답니다.

하지만 물속에서의 생활은 달랐어요. 꼬리를 좌우로 흔들면서 자유자재로 빠르게 헤엄칠 수 있었거든요. 따라서 사냥은 주로 물가에서 이루어졌어요. 물속에 몰래 숨어 있다가 물을 마시러 오는 공룡이 있으면 순식간에 헤엄쳐 와 잡아먹었지요. 파라사우롤로푸스 같은 순한 초식 공룡은 갑작스러운 데이노수쿠스의 공격을 당해낼 수가 없었어요. 데이노수쿠스의 주 먹잇감은 초식 공룡이었지만, 육식 공룡도 잡아먹었어요. 웬만한 육식 공룡이라도 물가에서 데이노수쿠스를 이기기는 쉽지 않았지요.

데이노수쿠스는 강력한 턱으로 먹잇감을 물고 비튼 다음, 먹기 좋은 크기로 잘라서 통째로 삼켰습니다. 이빨은 크지만 무딘 편이었고 몸은 갑옷과 같은 비늘로 덮여 있었어요.

물속에서는 내가 최고야!

매머드

mammoth 뜻》거대한

종류 포유류(장비류)

발견 지역 유럽, 북아메리카,
아시아

크기

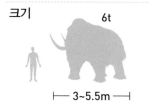
6t

├── 3~5.5m ──┤

살던 시기

백악기   신생대(제3기)   제4기

매머드는 신생대에 살았던 장비류 동물입니다. 장비류는 자유롭게 움직이는 코를 가진 포유류의 한 갈래로 오늘날의 코끼리를 생각하면 됩니다.

매머드의 몸 크기와 무게는 대체로 지금의 코끼리와 비슷했지만 몸무게가 6t이 넘을 정도로 큰 매머드도 있었어요. 긴 코와 4m 길이의 크고 튼튼한 활 모양의 엄니를 가졌지요.

매머드는 몸의 표면이 길고 거친 털로 덮여 있고, 몸에 두꺼운 지방층이 있어서 추운 빙하 지역에서 살기에 적합했어요. 실제로 시베리아나 알래스카 같은 지역에서 살다 죽은 매머드가 냉동된 형태로 40마리 이상 발견되기도 했답니다.

매머드는 적으로부터 안전을 지키기 위해 무리를 지어 생활했던 것으로 보여요. 솔잎이나 나뭇가지 등을 먹으면서 말이지요.

한편, 이런 매머드를 공격하는 동물이 나타났어요. 검치호랑이라고도 불리는 스밀로돈이 그 주인공이에요. 스밀로돈은 긴 송곳니를 갖고 있었는데 그 길이가 무려 10cm나 되었지요. 스밀로돈은 강한 이빨과 턱으로 자신보다 몸집이 훨씬 큰 매머드와 맞섰습니다.

난 추위에도 끄떡없지!

이 책에 나온 공룡 친구들

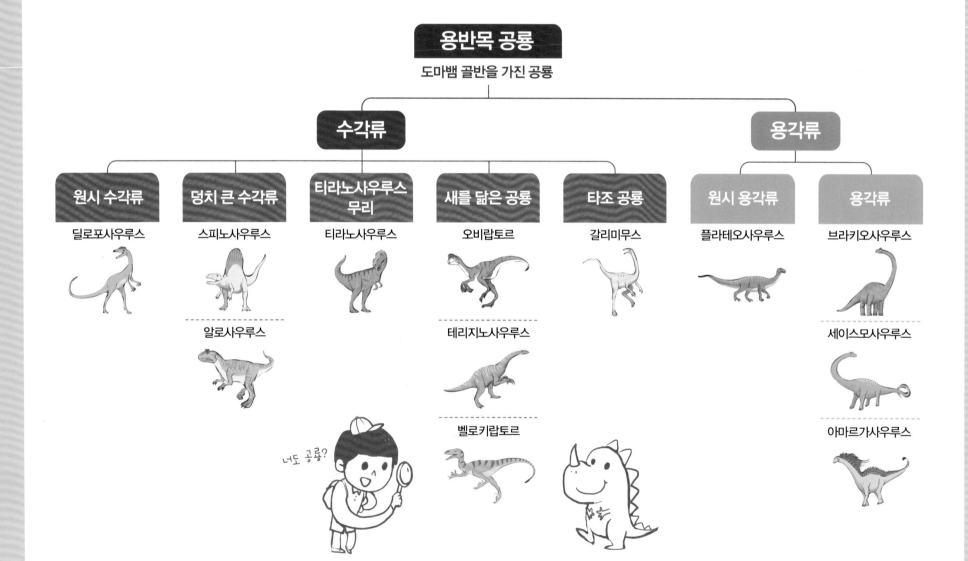

조반목?

조반목 공룡
새 골반을 가진 공룡

각룡류 (뿔 공룡)	후두류 (박치기 공룡)	조각류	검룡류 (판 공룡)	곡룡류 (갑옷 공룡)

트리케라톱스

파키케팔로
사우루스

이구아노돈

스테고사우루스

안킬로사우루스

마이아사우라

파라사우롤로푸스

엄마?

맛있는
초식공룡이다!

앗! 공룡 3D 입체 지식그림책

1판 1쇄 2011년 12월 1일
1판 18쇄 2020년 11월 1일

발행처 (주)삼성출판사
발행인 김진용
등록번호 제1-276호
주소 서울시 서초구 명달로 94
문의 전화 080-470-3000

© 멀티아이텍, 삼성출판사 2011
Printed in Korea

ISBN 978-89-15-08033-1 64400
ISBN 978-89-15-08417-9 64400 (세트)